Émile Saigey

L'Aviation
et les Aviateurs

Leurs travaux et leurs expériences

ISBN : 978-1984350503

10 9 8 7 6 5 4 3 2 1

Émile Saigey

L'Aviation et les Aviateurs

Leurs travaux et leurs expériences

Table de Matières

Introduction

S'il suffit pour résoudre un problème de le discuter bruyamment, quelques-uns des promoteurs de la navigation aérienne sont dans la bonne voie : ils sollicitent l'attention publique par tous les moyens possibles, ils lancent des ballons d'essai dans la presse et dans l'atmosphère, ils n'ont point de cesse qu'ils n'aient fait parler d'eux. Ils feront bien cependant de se défier du public français : on le séduit facilement par des promesses éclatantes, il ne lui déplaît pas qu'on fasse, pour piquer sa curiosité, quelques frais de mise en scène ; mais il y a dans cette voie je ne sais quelle limité délicate qu'il ne faut pas franchir sous peine de cruels mécomptes ; il y a je ne sais quel rapport à garder entre les espérances qu'on excite et l'effet qui les suit.

Nos lecteurs savent comment MM. de Ponton d'Amécourt, de La Landelle et Nadar ont repris de nos jours la question anciennement agitée de la navigation aérienne [1]. Ils déclarent qu'il faut renoncer à diriger les aérostats, c'est-à-dire les appareils gonflés d'un gaz moins dense que l'air, et qui s'élèvent dans l'atmosphère ! en vertu de leur légèreté relative. Ces appareils en effet offrent toujours une très grande surface, et en raison de cette circonstance la force motrice dont ils peuvent disposer ne leur permet pas de lutter contre l'action du vent. Que faire dès lors ? Imiter les oiseaux, qui volent en étant beaucoup plus lourds que l'air. L'appareil que proposent les *aviateurs* consiste donc en une machine motrice qui doit s'élever elle-même soit en battant l'air avec des ailes, soit en se vissant dans l'atmosphère à l'aide d'une ou des plusieurs hélices. Ce n'est point d'ailleurs la première fois que l'on propose de résoudre ainsi le problème de la locomotion aérienne, et les récents prometteurs de cette solution ne se piquent pas de l'avoir inventée, Ce qui leur appartient en propre, c'est d'avoir organisé une sorte d'agitation autour de cette idée. Ils ont réussi à créer une *société d'encouragement pour la locomotion aérienne au moyen d'appareils plus lourds que l'air*. Organisée à titre provisoire au mois de janvier 1864, cette société a été définitivement constituée au mois de mai de la même année sous la présidence de M. Barral. Elle se propose un double but : elle cherche à réunir des fonds pour faire des expériences ; elle veut aussi centraliser les recherches des inventeurs et faire fructifier leurs travaux en les soumettant à un comité d'examen.

« Cherchez, et vous trouverez ! » dit la sagesse des nations. Vous trouverez souvent tout autre chose que ce que vous cherchez. Un savant découvre quelquefois dans les cornues de son laboratoire des corps nouveaux auxquels il ne songeait pas. Les alchimistes du moyen âge, qui s'ingéniaient à produire la pierre philosophale et l'élixir de longue vie, n'y sont pas parvenus ; mais ils ont amassé de précieux matériaux d'où est sortie la chimie moderne. Colomb lui-même cherchait les Indes orientales quand il a trouvé l'Amérique. Quelque opinion, que l'on ait donc sur la possibilité d'atteindre le but que poursuivent les aviateurs, on ne saurait qu'applaudir à la formation d'une société qui ne peut manquer d'avoir quelque utilité. Jusqu'à ce jour, il faut l'avouer, les ressources financières qu'elle a pu réunir ont été trop faibles pour lui permettre de commencer des expériences. Jusqu'ici, également, le travail de son comité d'examen semble avoir été assez stérile. Néanmoins ces libres associations sont d'un exemple salutaire à une époque où l'esprit d'initiative a besoin d'être excité. Il est toujours bon de voir des hommes qui se réunissent et qui, sans rien demander au gouvernement ni aux académies, consacrent leur temps et leur argent à poursuivre la réalisation d'une idée qu'ils croient praticable. Quant à ceux qui nous occupent en ce moment, ce n'est point seulement par métaphore qu'ils veulent nous apprendre à voler de nos propres ailes. En principe, il n'y a donc que des félicitations à adresser aux novateurs qui ont fondé la société de locomotion aérienne ; toutefois, après avoir obtenu ce premier succès, il importe maintenant qu'ils se recueillent. Leur zèle, leur entrain, sont des qualités précieuses ; mais il faut qu'ils les gardent pour le moment où leur société aura produit quelque chose, si peu que ce soit, et où il y aura quelque résultat utile à livrer à la publicité. Jusque-là, de nouveaux appels à la curiosité publique resteraient sans doute infructueux, et courraient même le risque de nuire à la cause qu'ils prétendraient servir : quand les prés ont assez bu, il faut fermer les ruisseaux.

Dans cet ordre d'idées, nous devons signaler comme un symptôme fâcheux pour la société constituée au mois de juin 1864 que M. Ponton d'Amécourt ait cru devoir se démettre des fonctions de vice-président qu'il y remplissait d'abord. M. d'Amécourt, dans le triumvirat des promoteurs de l'*aviation*, représentait le travail modeste et persévérant. C'est lui qui, sans aucun secours étranger, a fait construire presque tous les modèles d'appareils qui ont été expérimentés jusqu'ici. Il paraît s'être retiré, laissant ses compagnons chanter seuls des victoires qui ne sont pas encore remportées. Sans doute il aura été un peu effarouché de leur ardeur et il aura voulu mettre son nom à l'abri des reproches que peut mériter leur enthousiasme préventif. Il n'en continue pas moins les recherches qu'il a entreprises, et qui, s'il n'avait écouté que son propre désir, n'auraient point reçu une publicité si hâtive. M. d'Amécourt a commencé d'ailleurs en 186A la publication d'une *Collection de mémoires sur la locomotion aérienne sans ballons* ; il compte y placer successivement les travaux de quelque importance qui paraîtront sur la question, dont, il se préoccupe à un si haut degré. Cette collection de mémoires, dirigée par M. d'Amécourt seul, fera ainsi concurrence à *l'Aéronaute*, journal non périodique que publie la *Société d'encouragement*. Aussi bien, puisque nous en venons à établir des distinctions entre les partisans de la locomotion aérienne, il faut tout de suite que nous fassions une place à part à plusieurs savants, qui suivent aussi la bannière de l'aviation. M. Barral avons-nous dit, a accepté la présidence de la Société d'encouragement, tout en professant sur les résultats qu'elle pourra obtenir, des opinions fort éclectiques. M. Babinet a embrassé leur cause, et il l'a soutenue avec une ardeur toute juvénile, non-seulement dans la presse, mais aussi dans plusieurs conférences publiques. M. Emmanuel Liais, un de nos plus savants astronomes, que des travaux scientifiques, ont longtemps retenu au Brésil, a envoyé de Rio-de- Janeiro des projets d'appareils dont la réalisation lui paraît facile. Enfin, depuis deux ou trois ans, plusieurs jeunes mathématiciens, appliquant le calcul aux problèmes difficiles que soulève la locomotion aérienne, ont conclu à la possibilité de solutions prochaines, et dans ce genre nous devons placer en première ligne M. Landur. On trouve donc dans le camp des aviateurs une petite phalange de calculateurs et de savants ; ils se montrent en général, — avons-nous besoin de le dire ? — moins décisifs que les autres dans leurs conclusions et plus réservés dans leurs espérances. En tout cas, leur enthousiasme tient compte des véritables données du problème et respecte les lois de la physique. Si donc nous signalons, chemin faisant, dans les pages qui vont suivre, certaines opinions tout à fait singulières qui n'ont rien de commun avec la science et qui tendent à nous promettre une conquête trop facile des domaines de l'air, on se gardera de faire tomber nos critiques sur ceux à qui elles ne s'adressent pas. Cette réserve faite, nous essaierons d'indiquer rapidement en quels termes se pose actuellement le problème de la navigation aérienne.

Section I

Une question préjudicielle se présente naturellement : faut-il perdre tout espoir de diriger les ballons ? Dans un air absolument calme, les ballons se dirigent. Une expérience intéressante a été faite à ce sujet dans le vaisseau du Palais de l'Industrie à Paris au moyen d'un aérostat captif. Cet appareil, trop petit pour porter un homme, était muni d'organes de mouvement que l'on dirigeait d'en bas à l'aide de poulies de renvoi : il obéissait facilement à mon moteur dans le vaisseau clos où il était contenu. Cependant, à peine les ballons se trouvent-ils en présence de vents même très faibles, de vents n'ayant qu'une vitesse de deux à trois mètres par seconde, toute la puissance motrice qu'ils peuvent emporter avec eux se trouve paralysée ; l'action du vent sur la surface de l'aérostat devient prépondérante et rend inutiles tous les engins à l'aide desquels l'aéronaute essaie d'agir sur l'air. Sans doute, impuissant à lutter contre les courants atmosphériques, le ballon peut les employer comme auxiliaires ; il peut, dans une certaine mesure, choisir le sens de sa marche, en trouvant par d'habiles manœuvres le flux d'air qui doit le pousser. C'est là une ressource qui n'est point à dédaigner dans la pratique et dont les progrès de la météorologie augmenteront l'importance. Néanmoins, s'il s'agit de se diriger en tous sens dans l'atmosphère et d'y suivre une marche sûre, c'est là un effet qu'on ne peut espérer que des appareils plus lourds que l'air, de ceux que, par opposition aux aérostats, on a appelés des *aéronefs* [2].

Les systèmes d'après lesquels on propose de construire ces machines rentrent en général dans une des trois catégories suivantes. — On peut, en premier lieu, se servir d'une ou plusieurs surfaces qui agiraient à la façon des parachutes en s'appuyant sur l'air, et qui remonteraient successivement en prenant, à la montée, la forme nécessaire pour n'éprouver qu'une faible résistance. Qu'on se représente par exemple deux parapluies conjugués dont chacun se déploie pour soutenir le corps et se ploie pour remonter. Dans cette catégorie, il faut encore ranger les systèmes munis de palettes qui se placent horizontalement pour battre l'air et qui se relèvent verticalement ; les oiseaux sont à peu près dans ce cas. — En second lieu, on peut employer une surface légèrement inclinée et à laquelle on communique un mouvement horizontal. L'air résiste à ce mouvement ; une partie de cette résistance, c'est-à-dire la composante verticale, peut vaincre l'action de la pesanteur et enlever le corps. On aura une idée d'un pareil système en songeant au cerf-volant ; seulement le cerf-volant est tiré par une force extérieure, tandis que la machine proposée devrait avoir en elle-même la cause de son impulsion horizontale. — Si maintenant, au lieu de donner à la surface inclinée un mouvement rectiligne, on suppose qu'elle tourne autour d'un axe vertical, on aura une troisième série d'appareils, les systèmes à hélice. Il sera nécessaire, afin que l'axe ne prenne pas aussi un mouvement de rotation, de faire tourner en même temps, dans les deux sens contraires, des jeux superposés d'ailes équivalentes ; nous disons équivalentes et non pas égales, car les ailes inférieures, se mouvant dans un courant produit par les ailes supérieures, et ne se trouvant pas par conséquent dans les mêmes conditions que celles-ci, devront sans doute, pour produire le même effet, avoir soit une forme, soit une surface différente. Les jouets connus sous le nom de *spiralifères* ont d'ailleurs vulgarisé la notion élémentaire de cet appareil. — On appelle d'ordinaire *orthoptères* (à ailes plates) les appareils de la première catégorie, *aéroplanes* ceux de la seconde, *gyroptères* (à ailes tournantes) ou *hélicoptères* ceux de la troisième. C'est à ces trois genres principaux que l'on peut ramener, sauf quelques exceptions, les nombreux projets qui se sont produits depuis quelques années au sujet de la navigation aérienne. Agira-t-on sur l'air avec des ailes d'oiseaux, avec une surface poussée horizontalement, avec des ailes hélicoïdales, ou avec des appareils combinés au moyen de ces divers organes ? C'est là une question intéressant, sans doute et qui peut fournir des sujets d'étude fort piquants ; mais nous la laisserons de côté pour le moment, car dans l'état actuel des choses elle nous paraît devoir être reléguée, au second plan. Au point de vue de la théorie, on peut dire que les systèmes des trois catégories que nous venons d'énumérer utilisent la force motrice dans des conditions presque équivalentes. Sans doute, si l'on en vient à la pratique, ils offrent des avantages différents et sont d'une réalisation plus ou moins facile. L'hélice par exemple jouit d'une préférence marquée, elle a fourni en quelque sorte aux fondateurs de la Société d'encouragement leur cri de ralliement et leur drapeau ; mais, encore une fois, il n'y a qu'un intérêt de second ordre à se préoccuper actuellement du mode suivant lequel agira la force motrice. Avant tout, il faut construire des moteurs légers, très légers, infiniment plus légers que ceux que nous connaissons jusqu'ici. La est la vraie et pour ainsi dire la seule difficulté du problème, — difficulté assez grave pour qu'on puisse sérieusement se demander si l'on doit espérer de la vaincre avec les moyens dont on dispose actuellement. Les aviateurs ne l'ignorent pas, on le leur a dit de toutes parts. Cependant beaucoup d'entre eux négligent volontiers ce côté du problème, et ils aiment à fermer les yeux sur cet obstacle, qui est peut-être de nature à rendre stériles tous les efforts qu'ils peuvent faire d'ailleurs. En cela, ils sont assez semblables à des gens qui, voulant faire un voyage, s'ingénieraient à installer commodément un carrosse, sans s'occuper d'avoir des chevaux pour le traîner.

Veut-on voir comment cette question de la force motrice reste toujours oubliée et comme non avenue pour quelques-uns des promoteurs de la locomotion aérienne ? L'auteur d'un petit écrit que nous avons sous les yeux cherche à exposer à ses lecteurs, à l'aide d'un exemple familier, le principe de l'aviation. Il s'agit d'une grosse éponge qu'un ouvrier, placé tout en haut d'une échelle, a laissé tomber dans la rue aux pieds d'un aviateur, tandis que celui-ci cheminait pensif et songeait aux arguments qui peuvent rendre sensibles les avantages de l'aéronef. Un autre ouvrier passe, ramasse l'éponge, et, pour la jeter à son camarade, estime du regard la hauteur, à laquelle il doit atteindre ; l'échelle était longue et le but éloigné ; ce que voyant, il trempe l'éponge dans le ruisseau et, « suffisamment alourdie, » la lance à son compagnon. L'homme qui allait songeant déclare aussitôt que cet ouvrier en sait plus que toutes les académies, et que le principe de l'aviation est démontré. C'est aussi la conclusion que l'auteur tire tout de suite de son récit. Il faudrait cependant ne pas s'arrêter là, et il serait nécessaire de considérer le phénomène plus complètement. Sans doute, quand on veut lancer une éponge à la hauteur d'un second étage, on fait bien de la charger d'eau afin de triompher de la résistance de l'air. Cette action est rationnelle ; mais pourquoi ? C'est qu'on dispose d'assez de force pour lancer le mobile alourdi. Comme chaque unité de masse reçoit alors, pour un même effort, la même vitesse, le corps fend l'air d'autant mieux qu'il renferme sous le même volume une masse plus grande ; mais tout changerait si la force impulsive n'était plus en excès. Qu'on suppose par exemple qu'il s'agisse de jeter, non plus une éponge chargée d'eau, mais en lingot de plomb de même volume, et on sera ramène à tenir compte de la force motrice qu'on néglige trop aisément. Quand on a dit que l'aéronef, étant lourde, fendra l'air facilement, il faut ajouter tout de suite que c'est à la condition de contenir, eu égard à son poids, une force motrice considérable. Ce sont là deux idées qu'on ne peut pas séparer sans aboutir à des résultats bizarres.

On ne doit donc, pas se flatter de faire naviguer dans l'atmosphère des appareils automoteurs avant que d'immenses progrès n'aient été réalisés dans la construction des machines motrices. On pourra en juger par les indications qui suivent. A quel taux faut- il évaluer la force motrice dont l'appareil aérien devra être pourvu pour se soutenir dans l'atmosphère ? La pesanteur, suivant une loi connue, tend à faire tomber cet appareil de 5 mètres en une seconde ; la force motrice doit être capable de l'élever de 5 mètres dans le même temps. Or le poids que la force d'un cheval-vapeur peut élever à 5 mètres en une seconde est égal à 15 kilogrammes. C'est dire que l'appareil entier, y compris son moteur et tous ses accessoires, ne devra peser que 15 kilogrammes par force de cheval. Est-il impossible de construire un moteur qui remplisse cette condition ? Personne n'oserait le dire ; mais nous verrons tout à l'heure qu'on est encore loin de ce résultat. Si nous tenons compte des accessoires que doit porter la machine motrice, si nous remarquons surtout qu'il ne lui suffit pas de se soutenir en l'air et qu'il lui faut un excédent de force pour se diriger dans l'atmosphère, nous ne nous tiendrons pas à cette limite de 15 kilogrammes. Nous Demanderons, et en le faisant nous montrerons encore une réserve très grande, que le moteur lui-même ne pèse que 12 kilogrammes par force de cheval. Il ne s'agit pas ici, bien entendu, de chiffres précis ; ceux que nous indiquons ne doivent être regardés que comme des approximations grossières destinées à fixer les idées et à donner un corps à nos appréciations. Aussi bien il faut nous expliquer sur le raisonnement que nous venons de faire en comparant l'action de la pesanteur et celle de la force motrice. Ce raisonnement est commode et sommaire ; il a été fréquemment employé dans la controverse relative à la question même qui nous occupe, et on peut dire qu'il a déjà de jolis états de service ; mais il n'est point rigoureusement exact : dans sa forme concise, il néglige des conditions essentielles et notamment il ne tient compte que fort implicitement de la résistance de l'air, qui est une des données principales de la question. Nous l'avons reproduit cependant parce qu'il présente à l'esprit une image très nette et qu'il est suffisamment vrai dans les limites où nous voulons borner notre appréciation. Hâtons-nous d'ajouter d'ailleurs que l'on arrive à des résultats analogues si on soumet le problème au calcul. M. Landur, à la demande de M. de Ponton d'Amécourt, a traité la question dans plusieurs mémoires par les procédés de l'analyse mathématique. Il a donné à ce sujet des formules simples et élégantes ; on en peut facilement conclure que le maximum du poids du moteur par force de cheval doit être compris entre 10 et 15 kilogrammes [3]. Nous ne sommes donc pas loin de la vérité en adoptant le chiffre douze, comme nous venons de le faire.

Il faut naturellement comprendre dans le poids du moteur celui des matières qu'il doit, emporter pour sa consommation. Suivant la nature de la machine motrice, le poids de ces matières pourra varier considérablement. S'il s'agit par exemple, d'une machine à vapeur, elle devra emporter, pour chaque heure de navigation aérienne, au moins, un kilogramme et demi de charbon par force de cheval ; c'est ce que brûlent actuellement les appareils les plus perfectionnés. Pour un voyage de quatre heures, voilà donc six kilogrammes sur douze à attribuer au seul poids du charbon ! Il faudrait encore tenir compte de l'eau ; mais nous ne voulons pas pousser les choses à l'extrême ; on pourrait nous dire, que, si l'on obtenait un appareil capable de voyager en l'air, pendant, un seul quart d'heure, ce serait déjà là un beau commencement, et nous sommes de cet avis. Si l'on se contente de ce modeste objectif, le poids du combustible qui doit chauffer la machine est réduit à une faible part du poids total, et nous pouvons le négliger, au moins dans une première appréciation des phénomènes, tout en faisant nos réserves pour le cas où il faudrait serrer la question de plus près.

Peut-on espérer que l'on puisse bientôt construire Un moteur tel que ses organes ne pèsent que douze kilogrammes par force de cheval ? Si on le peut, les chemins de l'air nous sont ouverts. Nous chercherons donc une réponse à la question que nous venons de poser, et à laquelle nous paraît se réduire pour le moment le problème de la navigation aérienne. Nous la chercherons en examinant d'abord dans leur état actuel les machines usuelles, et en essayant d'apprécier, les améliorations, que l'on peut attendre d'un avenir prochain. Si le résultat de cette recherche est favorable, nous sommes tout disposé, nous aussi, à nous écrier :

Cœlum certè patet, ibimus illàc !

Mais, avant d'entreprendre l'examen des moteurs mécaniques, nous dirons quelques mots des moteurs vivants. Dans quelles conditions les divers animaux, l'homme, les oiseaux, se trouvent-ils placés au point de vue de la locomotion aérienne ? En traitant rapidement ce sujet, nous trouverons, chemin faisant, la confirmation des vues qui viennent d'être exposées, et nous pourrons recueillir quelques enseignements utiles pour la solution générale du problème.

Section II

L'homme peut-il voler au moyen d'un appareil convenablement disposé, et dont il serait le moteur unique ? C'est une question à laquelle il n'est point difficile de répondre. Le poids moyen d'un homme est d'environ 72 kilogrammes ; on a vu déjà qu'il faut, pour élever ce poids, un moteur de la force de six chevaux : or l'expérience montre que la force d'un homme ne peut être évaluée qu'à un quart de cheval ; on est donc loin de compte. Pour s'élever dans l'air, il faudrait que l'homme, à force égale, pesât vingt-quatre fois moins qu'il ne pèse.

Cependant bien des inventeurs, séduits par l'exemple de l'oiseau, ont essayé de se construire des ailes pour voler. Des expériences hardies ont même été faites, et quelques-unes, à en croire la tradition, ont été couronnées d'un demi-succès. Il faudrait contrôler de près le récit de ces tentatives. Dans toutes celles dont la relation paraît authentique, les expérimentateurs se sont précipités d'un lieu élevé et ont pris terre après une descente plus ou moins longue. Évidemment nous n'avons pas à tenir compte ici de ce résultat, que plusieurs aéronautes ont atteint avec des fortunes diverses, depuis Olivier de Malmesbury et Dante de Pérouse jusqu'au marquis de Bacqueville et à Mlle Garnerin. Ce n'est point-là voler, c'est descendre en parachute. Il y a aussi une réserve importante à faire : quand on estime en chevaux la force d'un moteur, on admet qu'il agit d'une façon continue et dans des conditions normales. Toute machine peut, pendant quelques instants, produire un effort de beaucoup supérieur à sa force nominale ; l'homme aussi peut concentrer dans un instant très court des efforts considérables. Que certains expérimentateurs aient pu ainsi voleter pendant deux ou trois secondes, on l'admettra sans difficulté ; mais on aurait tort d'en conclure que l'homme, quelque engin qu'il emploie, puisse espérer, avec sa seule force, s'élever dans l'atmosphère.

On a fait grand bruit des résultats obtenus par Blanchard, qui, vers 1780, avant l'invention des montgolfières, cherchait à s'élever à l'aide d'appareils plus lourds que l'air. Blanchard fit publiquement de nombreux essais dans le jardin d'un grand hôtel de la rue Taranne à Paris. Il avait construit un bateau volant où il se plaçait au bas d'un grand mât de 80 pieds de hauteur. Une corde attachée à la nacelle montait jusqu'au haut du mât et redescendait, portant un contre-poids de vingt livres. Blanchard, dit-on, faisait mouvoir les ailes de son bateau à l'aide de leviers, de cordes et de poulies de renvoi, et, sans autre aide que celle du contre-poids, il s'élevait à l'extrémité supérieure du mât. Or Blanchard et son appareil ne pouvaient guère peser moins de deux cents livres. M. de La Landelle, en comparant ce nombre et celui qui exprimait la valeur du contre-poids, conclut que Blanchard, avec sa seule force musculaire, enlevait cent quatre-vingts livres sur deux cents, qu'il avait donc réussi dans sa tentative à un dixième près, ou, suivant une expression ingénieuse, qu'il « volait aux neuf dixièmes. »

Hélas ! non. Les personnes que ce récit a remplies d'admiration doivent se résigner à le rayer de leurs papiers. Il y a erreur dans les chiffres, ou l'expérience a été mal rapportée ; mais le résultat que l'on énonce est tout à fait inadmissible. Peut-être faut-il renverser les deux nombres cités, peut-être Blanchard s'enlevait-il, lui et son appareil, à l'aide d'un contre-poids de cent quatre-vingt livres. Il aurait alors volé « au dixième, » et on serait encore en droit de regarder ce fait comme très remarquable, puisque l'homme ne peut guère réaliser un vol soutenu « qu'au vingt-quatrième. » Que si par hasard Blanchard recevait en partant une impulsion qui faisait à elle seule la plus grande partie du travail, c'est là une circonstance qui vicie l'expérience et lui ôte toute valeur. On assure du reste que les plans et les mémoires de Blanchard existent, et qu'on pourrait à peu de frais reproduire exactement sa tentative ; nous ne craignons pas cette épreuve pour nos assertions. Blanchard, qui était un fort habile mécanicien et qui avait construit, chose merveilleuse pour son temps, une voiture marchant sans chevaux, renonça à son bateau volant dès qu'il connut, en 1783, l'invention des frères Montgolfier ; il acquit plus tard un grand renom par ses ascensions aérostatiques.

Après avoir présenté sous leur vrai jour les expériences de Blanchard nous avons à peine besoin de mentionner Degen, constructeur allemand, qui vers 1808 reprit à Vienne les travaux du mécanicien français ; Degenr mettait en mouvement, à l'aide de leviers, des ailes de vingt-deux pieds d'envergure. On assure qu'il parvint à perdre terre en Allemagne ; Quand il vint à Paris, en 1812, pour y montrer publiquement son système, il annonça qu'il partirait de l'École militaire et volerait jusqu'aux hauteurs de Chaillot ; mais il ne fit autre chose que s'attacher avec ses ailes sous un aérostat, et faillit être assommé au Champ-de-Mars par la multitude, irritée contre l'inventeur, qui ne donnait pas un spectacle conforme à son programme. Sans qu'il soit utile d'insister plus longtemps sur ce sujet, on aura pu déjà comprendre que l'homme doit renoncer, absolument à voler à l'aide de sa seule force. Aussi ne laissons-nous pas d'être étonné d'une décision prise par la Société d'encouragement pour la locomotion aérienne, décision qui se trouve mentionnée dans le rapport du conseil d'administration lu aux sociétaires le 3 février 1865. La société, dont les ressources financières sont si bornées qu'elle n'a pu jusqu'ici faire aucune expérience, a décidé que les premiers fonds dont elle disposerait seraient affectés à la construction d'un appareil présenté par M. de Groof et basé sur l'emploi de la force humaine. Le rapport loue M. de Groof d'avoir présenté à cet égard un projet « sans lacunes ».

Si l'homme ne peut pas voler à l'aide de sa seule force, comment donc volent les oiseaux, et d'où leur vient ce privilège ? ☒ On peut répondre qu'il leur vient de leur constitution physiologique, qui les rend aptes à développer sous un très petit poids une force considérable. Puisque les oiseaux volent, c'est donc qu'ils remplissent les conditions que nous avons indiquées déjà comme nécessaires pour l'automotion aérienne. Il pèsent mois de 12 kilogrammes par force de cheval, ils pèsent même d'ordinaire beaucoup moins. En voyant l'énorme disproportion qui se manifeste ainsi entre les forces relatives de l'homme et de l'oiseau, certains aviateurs s'étonnent ; ils nient l'exactitude des faits qu'on leur présente. « Vous négligez, disent-ils aux physiciens, une foule de considérations importantes. Il y a dans le phénomène du vol tout autre chose que la simple question dynamique. Quand l'oiseau vole, la pesanteur est supprimée pour lui, ou peu près, car le premier, principe du vol soutenu chez l'oiseau est qu'il ne laisse, jamais, commencer sa chute : » réflexion bizarre, et que nous rapportons à cause de sa singularité même ! Ceux qui raisonnent ainsi doivent bien se persuader qu'en décomptant le travail des forces mises en jeu par le vol de l'oiseau, il faut bien faire état de la pesanteur dans son intégralité et sans en rien rabattre. Que dirait le tribunal de commerce, si un négociant, en établissant son bilan, refusait d'y faire entrer une de ses dettes, ou en demandait l'atténuation, sous prétexte qu'il n'a jamais commencé à la payer ? On conçoit d'ailleurs combien le problème de la locomotion aérienne se trouve simplifié dans l'esprit de ceux qui comptent faire naviguer dans l'air des corps pesants sur lesquels la pesanteur n'agira pas ou n'agira que très peu !

Revenons à l'oiseau, essayons d'analyser les conditions de son vol deux faits nous frapperont d'abord : la perfection de ses organes de locomotion et la puissance du foyer qui donne le branle à ces organes. Bien que dans l'ordre d'idées où nous sommes engagé, nous voulions surtout mettre en lumière le second de ces deux faits, nous ne pouvons-nous refuser à donner quelques indications sur le mécanisme ingénieux des ailes de l'oiseau. Tout y est disposé pour que, dans leur mouvement descendant, elles appuient fortement sur l'air, et pour qu'au contraire elles n'éprouvent qu'une très faible résistance dans leur mouvement ascendant. Les plumes glissent les unes sur les autres, à la façon des plis d'un éventail, afin que l'aile puisse diminuer de surface en se relevant. Les barbes des grandes plumes sont placées de telle sorte qu'à la descente elles restent appliquées par la pression de l'air contre les plumes voisines, et forment ainsi comme un plan continu ; quand l'aile monte, elles s'écartent au contraire sous l'influence de la pression supérieure. Ces barbes mêmes, sont armées d'une grande quantité de parachutes microscopiques qui s'ouvrent en descendant et se replient en montant ; cette disposition est si efficace qu'en prenant à la main la plume d'un grand oiseau et la plaçant dans son sens naturel on éprouve une grande, difficulté, à l'abaissier de plein fouet, tandis qu'on la relève sans aucune peine. Enfin, si on considère la forme générale des ailes, on reconnaîtra qu'elles présentent une surface concave pour battre l'air et une surface convexe pour se relever. La manière dont l'oiseau opère ses mouvements seconde toutes ces circonstances favorables. M. Emmanuel Liais, qui a étudié, avec soin le vol des grandes espèces, donne à ce sujet des détails intéressants dans plusieurs notes insérées aux comptes-rendus de l'Académie des Sciences. M. Liais a particulièrement observé la frégate, grand oiseau qui fait parfois de longs voyages maritimes. Les battements d'aile de la frégate sont assez lents pour que l'œil puisse facilement les suivre. Dans un de ces battements, l'aile descend environ cinq fois plus vite qu'elle ne remonte. Cette différence de vitesse dans les mouvements alternatifs est d'ailleurs une loi générale du vol des oiseaux, et la différence d'action qui en résulte dans les deux mouvements serait sans doute suffisante pour permettre au volatile de s'élever verticalement dans l'air alors même que les ailes seraient plates, et que les deux faces en seraient semblables : c'est ce qui arrive par exemple pour certains insectes volants.

Nous sommes loin d'avoir épuisé les particularités curieuses qui se présentent dans le vol de l'oiseau. Voyez un oiseau qui se meut horizontalement en battant des ailes : il n'agite pas son aile tout d'une pièce ; dans un même battement, il la fait pivoter au moins deux fois autour de sa tranche antérieure. D'abord il la présente inclinée d'avant en arrière, il renverse ensuite le sens de cette inclinaison, puis, quand l'aile est au bas de sa course, elle se trouve de nouveau penchée comme au début. Dans ce jeu oscillatoire, l'animal recueille adroitement toutes les composantes verticales que peuvent lui fournir la résistance de l'air chassé devant lui et le mouvement d'appel qui se fait derrière lui. Il y a plus : en suivant attentivement les phases de ce mouvement oscillatoire, M. Liais a reconnu que l'oiseau, relevant son aile en même temps qu'il se meut en avant, arrive à la faire passer tout entière par la trajectoire même que décrit son bord antérieur ; l'aile, en remontant, n'éprouve ainsi de résistance que par sa tranche.

Ce qu'on vient de dire s'applique au vol avec mouvement des ailes ; mais souvent l'oiseau s'avance horizontalement, quelquefois même avec une grande vitesse, sans que l'on voie ses ailes se mouvoir. On dit alors qu'il plane. Comment l'oiseau plane-t-il ? Il se donne d'abord par quelques battements une grande vitesse horizontale ; puis, laissant ses ailes déployées, il s'avance, légèrement incliné de la gorge à la queue : la résistance que l'air oppose à sa progression produit une composante ascendante qui peut équilibrer son poids, ou même le surpasser. Dans ce dernier cas, l'oiseau monte ; on voit alors sa vitesse s'épuiser assez rapidement, et s'il veut s'élever encore, il est bientôt obligé de battre des ailes pour se donner une nouvelle impulsion. S'il consent à redescendre, il profite du travail qu'il vient de produire en s'élevant ; changeant le sens de son inclinaison, il se présente légèrement penché d'arrière en avant ; la résistance de l'air lui fournit ainsi une composante horizontale dans le sens de son mouvement, et l'on voit sa vitesse s'accroître jusqu'au moment où il veut arrêter sa descente. Cette vitesse acquise peut être utilisée à son tour pour un nouveau mouvement d'ascension, moins étendu naturellement que le premier. C'est ainsi que l'on voit de grands oiseaux s'avancer rapidement les ailés immobiles, monter et descendre successivement en changeant l'inclinaison de leur corps, et prolonger cette manœuvre pendant deux ou trois minutes, jusqu'au moment où leur vitesse épuisée les oblige à donner de nouveaux coups d'aile. Au reste, cette manière de voler n'est pas seulement propre aux oiseaux de forte taille, on peut l'observer chaque jour chez les humbles passereaux ; mais chez ceux-ci l'élan initial produit peu d'effet : ils donnent huit ou dix coups d'aile précipités, montent un peu, descendent presque tout de suite, et recommencent de nouveaux battements. On les voit suivre ainsi une ligne sinueuse à courtes ondulations.

Les organes qui servent à la locomotion de l'oiseau sont en définitive merveilleux, et il en tire un parti excellent ; mais, si bien organisé que soit ce moteur, il lui faut, pour suffire au travail considérable qu'il doit produire, un foyer où se produise une active combustion. Or c'est une condition à laquelle se prête admirablement la constitution physiologique de l'oiseau. Voilà ce que nous avons surtout à cœur de montrer, car c'est là ce qui lui donne sur l'homme une supériorité que celui-ci ne peut racheter par aucun mécanisme. Tout le monde sait aujourd'hui dans quel réservoir un animal puise son énergie musculaire : produire un effort, c'est transformer en travail la chaleur due à la respiration. Les progrès que la thermo-dynamique a faits depuis quelques années ont mis cette vérité en pleine lumière [4]. L'animal sera donc capable d'un travail d'autant plus énergique qu'il pourra respirer plus fortement et consommer plus d'oxygène en un temps donné. Chez l'oiseau, l'appareil respiratoire est d'une puissance extrême. Les poumons, au lieu d'être restreints comme chez l'homme, s'étendent sur toute la longueur du corps. Le diaphragme, organe délicat qui règle notre respiration, et qui ne peut se prêter qu'à un jeu modéré, a disparu chez l'oiseau ; ses poumons sont directement soulevés, et dégonflés par le va-et-vient des côtes, que les ailes entraînent dans leurs battements ; ils s'ouvrent donc largement, et d'autant plus fort que le vol est plus rapide. Ce n'est pas tout : les pouvons de l'oiseau sont percés de nombreux canaux qui vont porter l'oxygène, dans tout le corps, afin que le sang soit revivifié au milieu de son circuit. Arrivé au bout des vaisseaux capillaires qui terminent les artères, le sang rencontre de petits réservoirs, véritable, poumons supplémentaires, où il fait une nouvelle provision d'oxygène, avant de recommencer sa course vers le cœur. Ajoutons que le ventricule gauche du cœur, qui lance le sang dans les artères, a des parois extrêmement épaisses, afin de remplir ses fonctions avec une grande énergie. Vigoureusement fouetté et fortement oxygéné, le sang charrie ainsi dans tout le corps de l'oiseau d'énormes provisions de chaleur que les muscles peuvent convertir en travail. Aussi, tandis que la température intérieure de l'homme reste fixée, entre 36 et 37 degrés, celle de l'oiseau atteint 43 et 44 degrés, Elle dépasse par conséquent les limites au-delà desquelles nos, organes deviennent impropres à la vie. On a constaté qu'au repos l'oiseau absorbe une grande quantité d'oxygène : on serait sans doute effrayé si l'on pouvait connaître ce qu'il en consomme dans un vol rapide !

L'oiseau est donc comme une machine, motrice dont le foyer est organisé en vue d'une combustion prodigieusement activé. Là est le secret de la force qui lui permet de voler. Comme cette combustion active se fait en somme aux dépens des aliments ingérés dans son corps, il est nécessaire que les organes de la nutrition permettent à l'oiseau de réparer promptement les pertes qu'il subit. On trouve en effet que la digestion se fait chez lui avec une célérité extrême. Son gésier, estomac puissant, dur comme de la corne, broie sans difficulté les aliments les plus résistants ; un foie volumineux verse des torrents de bile sur les matières qui sortent du gésier, et la fabrication du chyle s'achève en très peu de temps. Aussi l'oiseau ne peut-il pas jeûner ; il faut qu'il renouvelle très fréquemment sa provision de nourriture. A défaut d'aliments, le corps, s'oxydant lui-même, serait bientôt consumé. On dit quelquefois d'une personne qui prend peu de nourriture qu'elle mange comme un oiseau ; c'est là une comparaison qui manque de justesse, et qu'on fera bien de n'accepter que sous bénéfice d'inventaire. Les espèces qui se nourrissent de proies vivantes en font un très grand carnage ; celles qui vivent de fruits ou de grains mangent peut-être peu à la fois, mais à la condition de trouver toujours table ouverte. L'oiseau a d'ailleurs une ressource pour les cas d'abstinence forcée : avant d'arriver dans le gésier, les aliments trouvent au milieu de l'œsophage un ou plusieurs renflements où ils peuvent séjourner plus ou moins longtemps. Ces réservoirs sont évidemment fort utiles aux oiseaux voyageurs, lorsqu'ils ont une longue traite à fournir.

En même temps que l'oiseau emploie une partie de se force à vaincre l'action de la pesanteur, il en dépense une certaine partie pour se transporter dans le sens horizontal. On peut se demander quelle est celle de ces deux actions qui lui coûte le plus d'efforts, et dans quelle proportion l'une est plus laborieuse que l'autre. Il serait nécessaire de résoudre cette question pour savoir au juste quelle force motrice l'oiseau renferme sous un poids donné, et l'on en tirerait une induction précieuse pour le problème de la navigation atmosphérique. En étudiant les conditions générales de ce problème et en cherchant le poids maximum que devrait présenter par force de cheval un moteur aérien, nous venons de supposer que le moteur aurait pour principal travail d'élever son propre poids, et qu'il aurait peu à faire pour se diriger horizontalement. Nous voulions par là montrer dans notre calcul, s'il est permis de parler ainsi, une extrême modération, et faire au désir des aviateurs la part aussi belle que possible, car il est clair que, si un moteur de la force d'un cheval doit, contrairement à notre hypothèse, fournir pour se transporter autant de travail que pour se porter, il va falloir réduire son poids de moitié ; il ne s'agira donc plus de 12 kilogrammes, mais bien de 6, et voilà le problème qui devient deux fois plus difficile que nous ne l'avons supposé jusqu'ici ! Or il est certain que les oiseaux disposent, pour se mouvoir, d'une force égale ou supérieure à celle qu'ils emploient pour se soutenir, sans compter la force qu'ils tiennent en réserve pour les cas extraordinaires. L'aigle emporte quelquefois dans ses serres un mouton qui pèse autant que son ravisseur, un observateur qui a étudié les mœurs du martinet noir, oiseau de la famille des hirondelles et fort connu des Parisiens, a prouvé qu'il fournit en volant quatre ou cinq fois le travail nécessaire pour porter son poids. Il est vrai que le martinet a le vol très rapide et que sa vitesse atteint quelquefois 40 mètres par seconde, c'est-à-dire la vitesse du vent dans les plus fortes tempêtes. Si l'on s'arrêtait à cet exemple, on trouverait que dans ce volatile, considéré comme moteur, la force d'un cheval pèse moins de 3 kilogrammes. Nous n'entendons point tirer parti de quelques cas exceptionnels, et nous devons avouer qu'en raison du petit nombre des faits recueillis jusqu' à ce jour, il n'est point facile d'établir quel est, en moyenne, dans les oiseaux, le poids de la force d'un cheval. Cependant on ne peut guère hésiter à affirmer que ce poids moyen n'est pas supérieur à 5 kilogrammes. On voit si nous sommes fondé à dire que l'oiseau est une machine motrice admirable, douée d'une incomparable légèreté spécifique !

Les insectes volants, quelques-uns d'entre eux au moins, ont à déployer une grande force pour se soutenir dans l'air. Si par exemple on considère le poids du hanneton et la ténuité des membranes, qui lui servent d'ailes, on est comme stupéfait qu'il puisse voler. Sans doute il se meut lourdement, et il ne peut fournir de longues courses, mais, il n'en est pas moins vrai qu'il développe, pour agiter ses ailes, un travail considérable, et l'on doit s'attendre à ce que son organisme intérieur soit en état de suffire à une grande dépense de puissance motrice, Cependant, si on regarde sous la cuirasse du hanneton, on n'y trouve point, comme chez l'oiseau, un sang rapidement charrié dans tout le corps ; ici le système circulatoire a disparu ; plus de cœur, plus d'artères, plus de veines, plus de poumons non plus ; toute la cavité intérieure du hanneton est remplie d'une matière blanchâtre. Néanmoins, il ne faut pas s'y tromper, cette matière, malgré sa couleur, joue le rôle d'un sang très actif et se prête à une combustion très vive. Un mécanisme spécial lui fournit d'ailleurs de l'oxygène en très grande quantité. Sous les ailes de l'insecte, on voit le long du corps une ligne percée de distance en distance de petits trous que ferment des volets mobiles. Par ces trous se fait un appel d'air très énergique, et l'oxygène s'insinue dans une multitude de petits canaux qui vont le répandre dans toute la masse du sang. C'est là, comme on voit, une circulation d'un nouveau genre : le sang ne vient plus chercher l'air dans des poumons, c'est l'air qui va trouver le sang et qui le revivifie à la fois dans toutes les parties du corps. Cette combustion directe qui se produit dans la masse entière du sang fournit abondamment la chaleur nécessaire au travail des ailes. Le hanneton est donc encore, toutes proportions, gardées, un moteur très puissant. Nous n'avons pas besoin d'ajouter que, pour les, petits insectes, la difficulté du vol diminue à mesure que la densité du corps est moins éloignée de la densité de l'air.

Section III

Nous ne nous étendrons pas plus longtemps sur les conditions que les êtres vivants doivent remplir pour voler ; les indications sommaires que nous venons de donner à cet égard confirment ce que nous avions dit précédemment au sujet des moteurs mécaniques destinés à la navigation aérienne. L'aviateur doit donc se faire mécanicien et s'appliquer avant tout à construire des machines qui ne pèsent que 12 kilogrammes par force de cheval. Quel succès peut-il espérer des efforts qu'il fera pour atteindre ce résultat ? Avant d'entrer dans le champ des hypothèses, où le terrain est glissant, il convient que nous restions un moment dans le domaine des faits et que nous examinions les moteurs usuels, ceux que nous voyons fonctionner dans la pratique journalière. A ce titre, nous n'avons guère à parler que des machines à vapeur, qui peuvent d'ailleurs se diviser en quatre classes : locomotives, machines navales, locomobiles, machines fixes.

C'est parmi les locomotives que nous trouvons les types les plus légers. Certaines machines anglaises fourniraient sous ce rapport des résultats fort remarquables, s'il faut croire le rapport de M. Flachat sur l'exposition universelle de 1862. Celles de la compagnie du *North-Westem* ne pèseraient, avec leur tender garni d'eau et de combustible pour une heure, que 85 kilogrammes par force de cheval ; mais ce chiffre semble résulter d'expériences faites dans des circonstances exceptionnellement favorables, et il ne paraît pas correspondre au travail normal des machines. On ne peut l'accepter sans faire de graves réserves. Sur les chemins de fer français, les machines les plus légères sont les locomotives à douze roues de la compagnie du Nord construites d'après les plans de M. l'ingénieur Pétiet. Elles pèsent 44 tonnes et demie quand elles sont vides, et 60 tonnes quand elles sont garnies de leur tender avec l'eau et le combustible. On peut estimer leur force à 466 chevaux [5], ce qui donne 95 kilogrammes par force de cheval, si on considère la machine vide, et 128, si on considère la machine garnie. Parmi les autres locomotives des chemins de fer français, on chercherait en vain un modèle qui, sans tender et sans approvisionnement, pesât moins de 100 kilogrammes par force de cheval. Si nous passons aux moteurs usités dans la marine, nous trouverons des chiffres bien plus élevés ; mais ici vient se placer une remarque nécessaire : c'est que dans la construction des machines motrices la question de légèreté n'a joué jusqu'à ce jour qu'un rôle fort secondaire. Un ingénieur, un mécanicien, qui s'occupe d'établir un moteur pour un usage déterminé, se trouve en face de difficultés complexes : il cherche une solution moyenne qui soit comme un compromis entre des nécessités souvent contraires, il sacrifie certains avantages pour en obtenir d'autres d'un rang plus élevé.

Or dans beaucoup de cas il n'a qu'un intérêt d'ordre secondaire à réduire considérablement le poids de la machine. La construction des locomotives pourrait nous fournir des exemples à cet égard. Plusieurs causes concourent à donner aux machines de cette espèce une légèreté relative : c'est d'abord la haute pression à laquelle elles fonctionnent, car leur travail croît avec cette pression plus vite que le poids de leurs principaux organes ; c'est ensuite l'énergie du tirage obtenu par l'échappement de la vapeur dans la cheminée qui permet de réduire l'importance de la surface de chauffe, c'est-à-dire le poids de la chaudière ; c'est enfin la grande vitesse donnée aux roues motrices. Cependant telle locomotive, qui ne doit remorquer que des marchandises, n'a que faire d'aller vite ; ce qu'on lui demande, c'est de produire un grand effort de traction avec une faible dépense de combustible : on sacrifiera la vitesse, on augmentera le poids de la machine et on en calculera les organes de telle sorte qu'elle puisse surtout, à peu de frais, traîner une lourde charge. Dans les machines navales, une considération importante prime toutes les autres : il faut y employer l'eau de la mer, et dès lors on doit renoncer à former de la vapeur à haute tension ; quand la pression dépasse trois ou quatre atmosphères, la vapeur salée laisse des dépôts adhérents qui empêchent la vaporisation, détériorent rapidement les chaudières et peuvent causer de graves accidents. La pression des machines navales est donc ordinairement limitée entre une atmosphère et demie et trois atmosphères. Aussi ont-elles un poids considérable. Nous ne parlerons pas des anciennes machines à balancier placées de vieille date sur certains bâtiments et qui pèsent entre 8 et 900 kilogrammes par cheval. Les machines oscillantes à chaudières tubulaires qui servent aux bâtiments de construction récente pèsent moyennement 300 kilogr. par cheval [6] ; c'est le poids de la machine de *l'Aigle*, yacht impérial. Les machines anglaises du modèle Maudslay vont à 375 kilogr. ; celles qui sortent des ateliers de MM. Penn, à Greenwich, atteignent 350 kilogrammes. Quelques bâtiments destinés à des usages spéciaux peuvent être munis de machines travaillant à quatre ou cinq atmosphères : ce sont les canonnières et batteries flottantes, les remorqueurs et bateaux pilotes ; ces navires, ne s'éloignant pas des côtes et ne faisant que de très courts voyages, peuvent fréquemment nettoyer leurs chaudières et parer aux inconvénients produits par l'eau de mer ; il ne paraît pas d'ailleurs que le poids de leurs machines les plus légères descende au-dessous de 210 kilogrammes par cheval. On ne trouve pas de résultats plus favorables, si on considère les paquebots qui naviguent sur les fleuves, et qui sont ainsi dans les meilleures conditions, puisqu'ils emploient de l'eau douce pour alimenter leurs chaudières.

Parmi les machines locomobiles, les plus légères que nous puissions citer sont celles du système Benjamin Normand ; elles donnent un travail de 20 chevaux et pèsent 6,500 kilog., soit 325 kilog. par cheval. Les machines fixes sont généralement beaucoup plus lourdes encore, surtout quand elles sont construites pour une petite force. On remarquera à ce propos que les exemples que nous venons de citer se rapportent en général à des moteurs puissants auxquels leur grande force donne une sorte de légèreté relative. — En dehors des moteurs à vapeur, nous ne pouvons guère mentionner, comme susceptibles d'applications usuelles, que les machines à gaz combustibles ; le moteur Lenoir en est le type le plus connu. On sait que dans cet appareil un mélange d'air et d'hydrogène carboné s'enflamme au moyen d'une étincelle électrique et agit sur le piston par sa détente. Jusqu'ici ces moteurs, soumis à des réactions brusques, ont dû être construits avec une grande solidité ; les modèles qui fonctionnent, et dont la force ne dépasse pas 2 ou 3 chevaux, pèsent au moins 400 kilogrammes par chaque cheval. L'échauffement considérable qu'éprouve le cylindre ne peut être combattu dans l'état actuel des choses que par un courant continu d'eau froide ; il y aurait à tenir compte du poids de ce réfrigérant, si on voulait -évaluer rigoureusement celui de la machine. — Nous ne citons que pour mémoire les moteurs électriques, dans, lesquels la puissance motrice ne s'obtient encore qu'au moyen de substances lourdes et encombrantes.

Voilà pour le présent. Est-ce à dire qu'il n'y ait rien à attendre de l'avenir ? Il est certain, au contraire qu'on réalisera de grands progrès dès qu'on se préoccupera sérieusement de construire des moteurs légers et appropriés à la navigation aérienne. Bien des projets ont été mis en avant : quelques personnes paraissent compter sur les machines à air chaud ; cependant ces machines qui ne sont point jusqu'ici plus légères que les autres, n'ont jamais pu fonctionner d'une façon satisfaisante et semblent abandonnées en France. On a proposé d'emporter en l'air un gaz fortement comprimé dont la détente servirait directement de force motrice, et il est certain qu'il y aurait dans ce sens de fort curieuses expériences à faire. On peut, sous un poids de 2 kilogrammes avoir une enveloppe remplie d'air comprimé et capable de fournir le travail d'un cheval pendant une minute ; le poids serait notablement diminué si au lieu d'air on employait de l'hydrogène. A l'aide d'une provision de gaz comprimé, on pourrait donc sans doute soutenir en l'air, pendant plusieurs minutes, un appareil d'expérience. La détente du gaz agirait comme agissent les ressorts que l'on adapte actuellement à de petits modèles d'hélicoptères ; mais elle donnerait une action beaucoup plus prolongée. Quoi qu'il en soit, on ne peut espérer d'un engin de cette espèce qu'une traversée aérienne de quelques minutes, car le moteur devrait emporter de terre toute sa provision de travail, et il est clair qu'il ne faudrait pas songer à la renouveler, chemin faisant, en comprimant de l'air : la force qu'on y dépenserait serait mieux employée à exercer une action directe sur les organes de locomotion. Quelques personnes comptent beaucoup sur les perfectionnements à introduire dans les machines à gaz combustibles. La combustion des mélanges gazeux a été dans ces derniers temps l'objet d'études très intéressantes, notamment de la part de MM. Schlœsing et Demondèsir, et l'on triomphera sans doute des inconvénients que présentent les chocs dus aux inflammations ; On a songé aussi, pour éviter l'échauffement excessif du cylindre, à employer des gaz qui donnent par la combustion des produits relativement froids : l'azotate d'ammoniaque par exemple, sous l'action d'un comburant, se dédouble en eau et en azote, et ne développe ainsi qu'une chaleur modérée ; on réaliserait, en l'employant, une sorte de machine à vapeur à forte pression sans chaudière. On conçoit que nous ne puissions faire autre chose en ce moment que de prendre acte des espérances que l'on nous donne ; il nous serait difficile d'émettre un avis sur des moteurs mal étudiés encore, et dont quelques-uns ne sont que des projets à peine définis. A tout prendre, ce sont les machines à vapeur d'eau ou à deux vapeurs combinées qui nous semblent promettre les perfectionnements les plus certains : elles laissent un très vaste champ aux recherches, car l'on n'a fait jusqu'ici que bien peu de tentatives pour juger de l'aptitude de ces machines à résoudre le problème de la locomotion atmosphérique. On en pourra juger par quelques indications qui résument l'histoire des essais, faits pour donner le mouvement aux appareils aériens.

Dès l'année 1784, MM. Lannoy et Bienvenu apportèrent à l'Académie des Sciences un modèle d'appareil qui s'élevait au moyen d'hélices mises en mouvement par un ressort. La petite machine consistait en un axe vertical au milieu duquel était placé un barillet, En haut se trouvaient deux ailes inclinées en sens contraires ; deux ailes semblables étaient fixées à la partie inférieure. Le rapport, présenté à ce sujet dans la séance du 1er mai, 1784 est signé des académiciens Jeanrat, Cousin, Meusnier [7] et Legendre. « L'effet de cette machine, disait le rapport, est très simples lorsqu'après avoir bandé le ressort et mis l'axe dans la situation où l'on veut qu'il se meuve, dans la situation verticale par exemple, on a abandonné la machine à elle-même, l'action du ressort fait tourner rapidement les deux ailes supérieures dans un sens et les deux ailes inférieures en sens contraire. Ces ailes étant disposées de manière que les percussions horizontales de l'air se détruisent et que les percussions verticales conspirent à élever la machine, elle s'élève en effet et retombe ensuite par son propre poids. Tel a été le succès du petit modèle, du poids de trois onces, que MM. Lannoy et Bienvenu ont soumis au jugement de l'Académie. Nous ne doutons pas qu'en mettant plus de précision dans l'exécution, de cette machine, on ne parvienne à en construire de plus grandes et à les élever plus haut et plus longtemps ; mais les limites en ce genre ne peuvent être que très étroites. » C'est donc, comme on le voit, à une date assez ancienne que remonte l'origine des appareils que l'ont appelle maintenant hélicoptères, c'est-à-dire munis d'ailes en hélice, MM. Lannoy et Bienvenu employaient comme moteur un ressort, se détendant dans un barillet. C'est sous une forme analogue que se produisirent de 1861 à 1863 les divers appareils, construits par les soins de MM. de Ponton d'Amécourt et de La Landelle, et à l'aide desquels furent faites dans Paris plusieurs démonstrations publiques des principes de l'aviation. Les ressorts employés ne donnaient que très peu de force et pendant un temps très court. En effet, les ressorts sont en général de fort mauvais réceptacle de travail : on a calculé qu'un ressort d'acier dans lequel on voudrait emmagasiner le travail d'un cheval pendant une heure ne devrait pas peser moins de 30,000 kilogrammes. En admettant même que ce chiffre soit un peu exagéré, on conçoit que les premiers modèles présentés par MM. d'Amécourt et de La Landelle n'aient pu donner que de très faibles résultats. Les appareils ne s'enlevaient pas de terre ; ils *s'allégeaient* seulement : on plaçait un hélicoptère avec son ressort bandé dans le plateau d'une balance, ou bien on l'équilibrait par un contre-poids de la manière qui a été indiquée plus haut au sujet du bateau volant de Blanchard ; on laissait alors le ressort se dérouler et on constatait que pendant ce déroulement très rapide d'ailleurs, l'appareil entier paraissait avoir perdu environ 2 grammes pour 100 de son poids. On pouvait donc dire, en employant la formule dont nous nous sommes déjà servi, qu'il « s'enlevait au cinquantième. » Cependant, en concentrant l'action du ressort dans un temps de plus en plus court, les expérimentateurs arrivèrent à produire des modèles qui pouvaient quitter terré et faire une sorte de bond aérien.

Dans le courant de l'année 1861, MM. Du Temple frères, tous deux officiers de marine, firent connaître le résultat de tentatives qu'ils poursuivaient depuis 1857 ; Ils avaient construit une sorte de canot très léger qui portait à son avant deux ailes déployées et inclinées sur l'horizon de 14 degrés. Un moteur intérieur donnait une impulsion horizontale au système. Monté sur un petit chariot à roulettes et placé au bas d'un plan incliné, le cahot commençait à gravir la pente ; la résistance de l'air, agissant par sa composante verticale sur les ailes de l'appareil, l'enlevait de terre : il faisait ainsi une sorte de saut et venait se reposer doucement sur ses roulettes, comme fait un oiseau sur ses pattes. Le moteur placé dans le cahot était d'abord un ressort d'horlogerie ; ce fut ensuite une petite machine à vapeur, mais les documents publiés par MM. Du Temple ne permettent point d'apprécier l'effet qu'ils obtinrent de cette machine.

Cependant, dans cette même année 1861, M. d'Amécourt s'était proposé de faire construire un petit moteur à vapeur aussi léger que possible. Il s'adressa à cet effet à Froment, l'habile et ingénieux constructeur qu'une mort prématurée a récemment enlevé à l'industrie et aux sciences. Froment livra une petite machine presque entièrement faite d'aluminium, et qui pesait à peine plus de 2 kilogrammes. Au mois de mai 1863, ce petit moteur fut essayé sans être muni d'ailes hélicoïdales. Au bout de très peu de temps, le serpentin de sa chaudière, qui était en aluminium, s'avaria, et il fallût le remplacer par un serpentin de cuivre. Au mois d'août de la même année, la petite machine fut de nouveau, expérimentée ; elle pesait 2k,08, et l'on y mettait un peu d'eau et de charbon, de façon à atteindre 3 kilogrammes. On la munit de ses ailes, et l'on essaya d'appliquer à ce système la méthode des allégements ; mais, soit par la faute de ceux qui conduisaient les essais, soit par le défaut de la machine elle-même, on ne put tirer aucun enseignement de cette tentative. Le moteur fut bientôt mis hors de service et jeté au rebut ; le fonctionnement capricieux et éphémère de ce petit bijou mécanique n'avait pas permis d'apprécier la force qu'il pouvait développer sous son poids de 2 ou 3 kilogrammes. Pendant l'année 1863, une autre petite machine à vapeur fut construite chez un nouveau mécanicien, M. Joseph. Le manque de volant avait surtout empêché le premier moteur de fonctionner ; on donna à celui-ci deux cylindres, afin qu'il pût sans volant vaincre les points morts. Il était en aluminium, et ne pesait que 2 kilogrammes ; sa chaudière était un serpentin extrêmement mince ; ses pistons n'avaient que 15 millimètres de diamètre et 4 centimètres de parcours. Ce petit chef-d'œuvre eut à peu près le sort de son devancier ; il fut relégué dans une vitrine avant qu'on en eût tiré quelque donnée utile. Ces deux modèles, les deux premiers, à vrai dire, que l'on ait établis en se préoccupant uniquement de la légèreté du moteur, ont eu ainsi une assez triste destinée. Il était regrettable qu'on leur eût donné des dimensions assez restreintes. pour qu'ils pussent difficilement se prêter à des essais instructifs. La frêle structure de ces appareils n'a pas même permis d'apprécier s'ils étaient près ou loin d'atteindre la force d'un douzième de cheval par kilogramme. Dans leur courte existence, ils n'ont rien pu nous dire sur cette question fondamentale.

Les expérimentateurs n'avaient, guère eu sans doute à s'applaudir beaucoup de ces débuts, car M. d'Amécourt, infatigable dans ses travaux, se décida bientôt à essayer un nouveau moteur à vapeur, très différent des premiers par la forme, La disposition des machines usuelles qui avait été suivie dans les modèles de 1863 lui parut défectueuse. les tiges des pistons tirent obliquement sur leurs bielles et perdent beaucoup de force à convertir un mouvement rectiligne en mouvement circulaire ; M. d'Amécourt estimait que, pour faire tourner des hélices, on avait tout intérêt à faire directement travailler la vapeur en cercle et à employer une machine du genre de celles qu'on appelle *rotatives*. Un modèle de cette espèce fut donc construit en 1864. Qu'on se figure une boîte cylindrique et plate, une sorte de poulie creuse. Elle est traversée par un axe auquel est attaché un piston en forme de valve, placé dans la cavité de la boîte, de manière à en occuper et à en fermer hermétiquement un rayon ; le piston et l'axe peuvent tourner solidairement sans entraîner la boîte. Dans ces conditions, la vapeur introduite dans la cavité presserait les deux faces du piston et le laisserait immobile, si un mécanisme spécial ne venait lui donner une cloison d'appui : à cet effet, une plaque de tôle, une sorte de vanne, glissant dans des rainures, s'abaisse à travers le couvercle du cylindre et vient former, suivant un des rayons, une cloison fixe. Une chambre de pression s'établit donc entre la vanne et le piston, et celui-ci commence une marche circulaire qui se continue indéfiniment, si la vanne se soulève chaque fois qu'il doit passer, et si elle s'abaisse de nouveau derrière lui. M. d'Amécourt emploie d'ailleurs, afin de vaincre les points morts, deux vannes symétriquement placées suivant un même diamètre. La vapeur est introduite très simplement par l'arbre même, qui est creux, et par une des faces du piston ; le piston, par son autre face, absorbe la vapeur détendue. Rien de plus séduisant que ce mécanisme. Un robinet permet d'intervertir les fonctions des deux faces du piston et de renverser ainsi le sens du mouvement. On peut aussi à volonté changer les rôles de l'arbre et du cylindre. Laisse-t-on le cylindre fixe, c'est l'arbre qui transmet le mouvement ; fixe-t-on l'arbre au contraire, la boîte tourne et fait poulie. On peut même les laisser tourner tous les deux en sens contraires, et cette disposition s'adapte merveilleusement au cas où il faut faire mouvoir dans, des sens inverses deux jeux équivalents d'hélices.

Cette petite machine rotative se présentait donc sous les dehors les plus favorables. Elle était si simple qu'on pouvait en attendre beaucoup de force sous un poids léger ; mais, hélas ! elle semble avoir échoué devant les difficultés spéciales qui ont jusqu'ici empêché les machines à rotation directe d'entrer dans la pratique, des arts. Aussi, dans les derniers jours de 1864, retrouvons-nous M. d'Amécourt occupé à faire construire une nouvelle aéronef où le piston du moteur ne doit plus avoir un mouvement circulaire. Il s'agit cette fois d'un appareil qui rentre dans la catégorie de ceux que nous avons désignés plus haut sous le nom d'orthoptères. Deux plans horizontaux conjugués doivent s'élever alternativement ; chacun d'eux s'appuie tour à tour sur l'air et supporte ainsi l'effort nécessaire pour mouvoir l'autre. Les deux surfaces sont formées de palettes qui restent pendantes dans le mouvement d'ascension et qui se ferment quand il faut prendre appui sur l'atmosphère. Un cylindre ordinaire, un piston à marche rectiligne, conviennent naturellement au moteur d'un pareil système : le cylindre est vertical ; l'un des plans horizontaux est fixé à la tige du piston, l'autre à la tête du cylindre. La tige agit ainsi tour à tour par effet direct, pour élever la plate-forme d'en haut et pour attirer celle d'en bas.

Dans ce rapide aperçu, nous n'avons pu mentionner que quelques-uns des essais de M. de Ponton d'Amécourt. Que voyons-nous d'ailleurs au milieu de ces tentatives, poursuivies avec une louable ardeur ? Nous voyons plusieurs modèles de machines à vapeur abandonnés à mesure qu'on les expérimente ; mais nous cherchons en vain quelque lumière sur le point où nous avons réduit le problème de la locomotion aérienne, et qu'il importe avant tout d'éclaircir. Signalons cependant, car c'est là le résultat le plus certain de ces essais, l'usage des petites chaudières en serpentin que M. d'Amécourt a expérimentées sur les indications de M. Landur. Les chaudières tubulaires dont les machines ordinaires sont actuellement munies ont été inventées pour produire une vaporisation très active, la flamme traverse les tubes et donne une très grande surface de chauffe ; mais la chaudière pour résister à la haute tension de la vapeur, doit avoir des parois très résistantes et partant très lourdes. Aussi le poids du générateur est-il beaucoup plus considérable que celui des autres organes de la machine. MM. Landur et d'Amécourt renversent le rôle des tubes : ils y mettent l'eau ; ils se servent d'un serpentin dont le diamètre a moins d'un centimètre et dont les longues circonvolutions sont placées dans le foyer. La surface de chauffe est ainsi très considérable, et le tube, presque capillaire, peut résister à de fortes pressions sous une épaisseur d'un dixième de millimètre. « Je plongé dans le brasier, dit M. d'Amécourt, tout le corps du serpentin, et j'en garde seulement par dévers moi les deux bouts que je mets en communication avec un récipient d'eau froide. L'eau entre par l'une des extrémités, s'échauffe, se vaporise en circulant, et sort par l'autre extrémité en formant un jet impétueux de vapeur surchauffée. Je plongé ce jet dans un récipient, la vapeur s'y condense et donne à l'eau froide son calorique. Bientôt elle rentre à nouveau dans le tube, le courant est établi, la circulation continue, la vapeur ne revient en eau que pour retourner un instant après en vapeur, et, si mon récipient est un vase clos, il se trouve chargé en peu de temps de vapeur à haute pression : j'y fais une prise, et je fais manœuvrer ma machine. » Ce système, expérimenté sur une échelle très restreinte, a donné de bons résultats ; il permettra certainement de diminuer beaucoup le poids des chaudières, au moins dans les petites machines.

Si l'on essaie maintenant de se rappeler tout ce que nous venons de dire sur le problème de la navigation aérienne, on ne désespérera sans doute pas de le voir un jour résolu ; on reconnaîtra aussi qu'il demande avant tout de lents et persévérants efforts dans une voie bien déterminée. — Mais, dira-t-on peut-être, un coup de génie peut changer soudainement la face de la question. A cela nous ne pouvons rien répondre, si ce n'est qu'une telle hypothèse se place d'elle-même au-dessus de tous les raisonnements. Ici nous avons étudié le problème froidement, en restant aussi près des faits que possible et en suivant un chemin aride, que nous avons dû un peu encombrer de chiffres. Nous tenons d'ailleurs à renouveler à l'égard de ces chiffres une remarque déjà faite. Pour rendre nos arguments plus nets, nous leur ayons donné une forme numérique ; il faut cependant qu'on ait soin de laisser à nos conclusions un peu de jeu autour des nombres qui les représentent. A l'abri de cette déclaration, nous pourrons nous résumer ainsi. — Combien doit peser le moteur qui pourra enlever l'homme dans les airs ? — Douze kilogrammes par force de cheval. — Combien pèsent les moteurs les plus légers que l'on ait construits jusqu'à ce jour ? — Quatre-vingt-quinze kilogrammes par cheval [8]. — Nous ne doutons pas que les aviateurs ne puissent facilement rapprocher la seconde limite de la première ; mais, tant qu'ils n'auront pas à montrer au public quelques progrès faits dans cette voie, ceux d'entre eux qui cherchent à frapper les esprits par des fantaisies brillantes feront sagement d'y renoncer. Pourquoi nous représenter d'avance l'atmosphère sillonnée en tous sens de navires ailés ? Pourquoi, dès maintenant, nous énumérer tous les types de la flotte aérienne : « l'*avicule*, petite nacelle, n'emportant que son aviateur ; l'*avicelle*, barque portant deux ou trois hommes ; l'*ave*, grande barque ; l'*aéronef*, proprement dite, petit navire ; l'*aèronave*, corvette aérienne 5 le *mégalornis*, vaisseau de la taille d'un aviso-vapeur de 120 à 130 chevaux, pouvant porter une trentaine d'hommes ? » Pourquoi nous donner le plan des gares d'atterrissement qui serviront aux *steamers* aériens ? Pourquoi dès aujourd'hui esquisser les ordonnances de police qui régleront la circulation des véhicules atmosphériques ? Pourquoi discuter dans leurs détails, ce qui paraît d'ailleurs de nature à effrayer des esprits timides, les différents genres d'accidents qui peuvent troubler cette circulation : « chute sans renversement, avec ou sans démâtage ; chute sens dessus dessous après chavirement ; choc contre un corps immobile, tour, montagne ou falaise ; abordage entre aéronefs ? » Pourquoi étudier d'avance les changements que subira la thérapeutique et les nouvelles règles d'hygiène qu'il conviendra d'adopter lorsque l'homme aura pris l'habitude de se transporter à travers l'atmosphère ? Pourquoi nous inspirer l'horreur des chemins de fer où l'on voyage « dans d'horrible boîtes d'un intolérable lenteur, au prix de mille supplices insupportables, » où l'on est secoué par un affreux mouvement de *lacet*, au milieu « d'un bruit infernal de chaînes, de bois et de vitres heurtés, », tandis que des flots de poussière « couvrent de leur linceul étouffant le voyageur infortuné ? » Sans doute les routes de l'air sont charmantes, et il nous plairait de nous y diriger à notre gré « sans heurts, ni secousses, ni bruit, ni poussière, ni fatigue ; » mais les perspectives merveilleuses qu'on présente au public le laisseront sans doute assez froid tant qu'on n'aura point fait pour se rapprocher du but, quelque pas décisif.

On aurait mal compris, notre pensée si l'on nous prêtait l'intention de décourager les personnes qui cherchent précisément à se rapprocher du but au prix de consciencieux et persévérants efforts. Nous, croyons servir leur cause à notre manière en indiquant avec insistance le point précis où les recherches doivent d'abord être dirigées. Plusieurs des membres plus actifs de la Société d'encouragement pour la locomotion aérienne, ceux qui rédigent le journal *l'Aéronaute*, protestent avec énergie contre « les formules algébriques, » qui sont fausses d'ordinaire pour avoir négligé : « quelque coefficient, » et qui « posent la question de la force motrice dans des termes tels qu'on serait tenté de la regarder comme insoluble. » ; — Il faut, disent-ils, soutenir le courage des travailleurs. Vous les enrayez, vous les éloignez de leurs études, lorsque, la théorie à la main, vous les menacez de périr à la peine s'ils ne produisent pas un cheval de force sous un poids donné ! — Qu'y faire ? Est-ce donc en fermant les yeux sur un obstacle qu'on peut espérer de le vaincre ? Nous estimons au contraire que rien n'est plus propre à hâter la solution d'un problème que d'en montrer nettement la principale difficulté.

Notes

1.   Voyez la Revue du 15 novembre 1863.

2.   Nous adoptons le mot aéronef comme ceux d'aviation, d'aviateur, qui sont commodes dans le discours et qui sont maintenant entrés dans l'usage commua. M. de Ponton d'Amécourt avait, au début de ses travaux, donné le nom d'ef à l'appareil destiné à porter l'homme dans les airs. Ef venait d'avis (oiseau), comme nef vient de navis (vaisseau). Ce mot se rattachait donc à la même racine que ceux d'aviation et d'aviateur, et indiquait comme eux la préoccupation d'imiter le vol de l'oiseau. M. d'Amécourt a renoncé depuis à cette appellation, d'ailleurs originale et expressive. Oserons-nous dire le motif de ce changement ? L'inventeur a reculé devant la crainte de mauvaises plaisanteries. Au milieu des controverses qui se sont élevées récemment sur la navigation aérienne, on a vu d'ailleurs une série de nouveaux vocables s'introduire dans le langage : aéromotion, aéromotive, aéroscaphe, orthoptère, aéroplane, gyroptère, hélicoptère, volateur, etc.

3.   Les formules données par M. Landur sont naturellement différentes suivant la nature des surfaces qui agissent sur l'air et leur mode d'action. On peut cependant les ramener à un type général dans lequel le poids du moteur par force de cheval est égal,

en kilogrammes, à 30 divisé par un certain module. Ce module dépend de la nature de l'appareil ; il est déterminé par le rapport du poids de cet appareil (en kilogrammes) à la surface agissante en mètres carrés), et il est précisément égal à la racine carrée de ce rapport. Dire exactement quelle valeur ce module doit prendre dans la pratique n'est point chose aisée ; mais il est clair qu'on ne sera point maître de le diminuer au-dessous d'une certaine limite. Si par exemple on en cherche la valeur chez les oiseaux, on trouve qu'on peut l'estimer environ à 6,5 chez la perdrix, à 3,5 chez l'hirondelle, à 2,25 chez le martinet. Dans les conditions qui sont imposées par la pratique, il ne paraît pas probable qu'on puisse faire descendre ce module au-dessous de 2 ou même de 3. Suivant qu'on adoptera l'un ou l'autre de ces deux nombres, le poids du moteur par force de cheval se trouvera limité à 15 ou à 10 kilogrammes.

4.   Voyez à ce sujet, dans la Revue du 1er mai 1863, une étude sur l'équivalence de la chaleur et du travail mécanique.

5.   Des expériences plusieurs fois répétées sur la rampe de Saint-Gobain ont permis de fixer ce chiffre. Sur cette rampe, inclinée de 18 millimètres par mètre, une machine pesant 60 tonnes remorque un train de 250 tonnes avec une vitesse de 17 kilomètres à l'heure ou de 4m,7 à la seconde. La résistance au roulement de la machine et du train pour cette vitesse, et en ayant égard aux courbes de la ligne d'expérience, doit être évaluée à 6 kilogrammes par tonne. L'effort total de traction est donc (250 + 60) (18 + 6) = 7,440 kilogrammes, et le travail par seconde 7,440 x 4,7 = 34,968 kilogrammètres. Ce travail correspond à une force de 466 chevaux, ce qui donne bien, par force de cheval disponible sur la circonférence des roues, 95 kilogrammes pour la machine vide et 128 kilogrammes pour la machine garnie.

6.   Il est nécessaire d'indiquer ici une particularité qui cause une grande confusion quand il s'agit d'évaluer en chevaux la force des machines navales. Les marins désignent sous le même nom de cheval des unités de valeurs tout à fait différentes. Ils ont le cheval de 200, celui de 225 et même celui de 250 kilogrammètres. Alors même qu'ils emploient, comme on a coutume de le faire, le cheval de 75 kilogrammètres, ils estiment la force sur les pistons de la machine, ce qui est contraire à l'usage général. On a l'habitude fort naturelle de caractériser une machine par son effet utile et d'estimer

par conséquent la force sur l'arbre moteur. Or entre les pistons et l'arbre un quart environ du travail se perd. Il serait sans doute fort désirable que la marine renonçât à ses errements pour adopter dans tous les cas l'unité qui est maintenant sanctionnée par l'usage. Quoiqu'il en soit, dans les évaluations que nous donnons ici nous voulons parler du cheval de 75 kilogrammètres, et nous supposons que la force est évaluée sur l'arbre moteur.

7.   C'est le même Meusnier qui fût général du génie et qui a laissé d'importants travaux sur l'aérostation.

8.   On peut, pour compléter ce résumé, rapprocher des chiffres que nous rappelons ici ceux qui, d'après les explications que nous avons données précédemment, se rapportent à la force moyenne de l'homme et à celle de l'oiseau. Si l'on considère le corps humain comme un moteur, on trouve que la force d'un cheval y correspond environ à un poids de 288 kilogrammes ; la même force correspond chez l'oiseau à un poids de 5 kilogrammes.

ISBN : 978-1984350503

www.ingramcontent.com/pod-product-compliance
Lightning Source LLC
Chambersburg PA
CBHW070930220526
45468CB00005B/1717